自然的匠人：了不起的古代发明

羊皮筏

屠方 刘欢 著　覃小恬 绘

电子工业出版社

Publishing House of Electronics Industry

北京·BEIJING

　　撒拉族是我国人口数量较少的民族，他们生活在黄土高原与青藏高原结合部，沿着黄河流域分布聚居。这里是黄河天险，交通闭塞且自然环境恶劣，但是撒拉族先民用勤劳的双手和无尽的智慧不断拼搏，开创了美好的生活。

　　大约从元朝开始，撒拉族先民生活在黄河沿岸。黄河上下游落差大，河中布满激流、险滩和暗礁。他们只能砍伐木头，制作木筏，积极发展水上运输，进行对外交流，换取粮食和日用品。

望着奔腾的黄河水，撒拉族的先民们陷入了沉思。发展陆运能够减少水运的风险，但陆运需要翻山越岭，而且单次运输的货量少，时间久，也很不划算。摆在先民们面前的难题很明显：他们要找到既轻便又有良好安全性能的水上交通运输工具。

黄河的水流湍急，水道险滩和暗礁多，木筏一路顺水而下，难免磕磕碰碰，极易出现破损而散架，不少撒拉族人为此丢了性命。就算到了目的地，由于木筏笨重，在下游有落差处也很难将木筏运回。

先民们找了很多材料来制作水上交通运输工具，效果都不理想。比如松枝，虽然轻便，但浮力小，不载重；将树干做成独木舟，在黄河的激流中容易侧翻，不安全。

先民们陷入了沉思：到底什么材料适合黄河水上运输呢？

落日余晖下，先民们在黄河边喝着闷酒，不小心把手里的羊皮酒袋掉入了黄河里。他们发现羊皮酒袋没有沉入河底，而是漂浮着顺水而下。正当先民们心疼羊皮酒袋和里面的酒时，突然灵光一现——或许可以制作皮囊作为水上交通运输工具。

在一次又一次的失败后，先民们找到了正确的制作方法。在每年的深秋或寒冬季节，先民们会挑选三年以上且运动量大的公山羊，这些山羊的皮质地紧实，富有韧性。母羊的皮不可使用，因为上面的孔洞较多，容易漏气，不适合制作皮囊。

制作皮囊时，要将羊皮完整地取下来，不能有任何破损。完整的羊皮要在火炉旁均匀地连续烘烤三天，烤得不均匀容易造成羊皮的破损。然后，将烤好的羊皮放在地上，开始小心翼翼地拔羊毛，如果扯破一点点皮，整张皮就没法用了。

去毛后，整张羊皮要平铺在地上，给四肢、头尾开口处涂上盐和胡麻油，使皮柔软，这样便于在开口处插入木条，并用绳扎口密封。但是，整张羊皮要留一个口，往口里灌入几勺黄河水，加入油和盐，并通过这个口给皮囊吹气，吹足气的皮囊鼓成立体椭圆状。这时，密封最后一个口，再经过进一步的晾晒，做好的皮囊颜色黄褐透明，这道工序就算完成了。

制作好的皮囊非常轻便，用的时候吹上气，不用的时候放掉气。把皮囊横竖并排捆绑在一起，再在上面用坚硬的水曲柳木条捆成一个方型的木框子，在木框上横向绑上数根木条。将木框架与捆绑好的皮囊绑到一起，就制作成了羊皮筏。根据载人数量、载货重量，可以灵活搭建大小不等的羊皮筏子。

羊皮筏子借用人力或者水流作为动力，只能向两岸摆渡或顺水而下，在黄河激流落差处，不能逆流上行。因此，在将人或货物运到下游目的地后，较小的羊皮筏子只需一个人用肩膀就可以扛到上游。如果是大的羊皮筏子，把木框卸掉，把皮囊放掉气折叠起来，也可以轻松地挑回来；下次再使用时，重新制作木框，捆上皮囊，又是一个新的羊皮筏。

皮囊发明后，有时候数量不够，难以制作成筏。为此，先民们想到了一个办法，他们把皮囊当成浮囊，将需要运送的货物放入皮囊里，吹上气封好口子，让会游泳的人在较浅的河段拉着皮囊渡河，渡河后再将货物取出。

羊皮筏最大程度降低了撒拉族人运输的风险，掌舵的筏子客开心地打开嗓子唱起歌儿："黄澄澄的河，一沙一沙就连不断，黄河水就围打着实心的汉，黄河边生来，羊皮筏筏上长，一辈子我就离不开这羊皮筏。"

羊皮筏的作用不仅体现在古代，也体现在现代。在抗日战争时期，羊皮筏为军队运输军用物资，将后方的枪支、弹药、粮食、医药、日用品、燃料源源不断地输送到前方。直到现在，兰州还流传着一句俚语，"吉祥葫芦牛肉面，羊皮筏子赛军舰"，讲的就是抗日时期的历史故事。

在千年的历史长河里，羊皮筏子改变着撒拉族人的生活。作为黄河流域重要的交通工具，羊皮筏子把撒拉族的特产带到了下游，也把撒拉族的语言文字、文化习俗带到了更多的地方；撒拉族人也依靠羊皮筏走向了更加广阔的区域，学习了很多不同的文明。羊皮筏子在某种意义上，成为了撒拉族的文化信使。

随着轮船技术的发展，撒拉族人再也不用冒着巨大的生命危险去摆渡，高低落差的黄河也阻挡不了轮船的逆流而上，羊皮筏逐渐退出运输的主力队伍。最终，羊皮筏完成了它的历史使命。

　　"千年筏子百年桥，万里黄河第一漂"，羊皮筏这项古老的交通工具见证了撒拉族征服黄河、与大自然搏斗的历程。现如今，撒拉族用羊皮筏发展旅游业，体验羊皮筏成了黄河之上一道靓丽的风景线，这又赋予了羊皮筏新的使命和时代的意义。

图书在版编目（CIP）数据

自然的匠人：了不起的古代发明. 羊皮筏 / 屠方, 刘欢著；覃小恬绘.－－ 北京：电子工业出版社, 2023.12
ISBN 978-7-121-46561-1

Ⅰ.①自… Ⅱ.①屠…②刘…③覃… Ⅲ.①科学技术－创造发明－中国－古代－少儿读物 Ⅳ.①N092-49

中国国家版本馆CIP数据核字（2023）第204059号

责任编辑：朱思霖　特约编辑：郑圆圆
印　　刷：天津图文方嘉印刷有限公司
装　　订：天津图文方嘉印刷有限公司
出版发行：电子工业出版社
　　　　　北京市海淀区万寿路173信箱　邮编：100036
开　　本：889×1194　1/16　印张：13.5　字数：138.6千字
版　　次：2023年12月第1版
印　　次：2023年12月第1次印刷
定　　价：138.00元（全6册）

凡所购买电子工业出版社图书有缺损问题，请向购买书店调换。若书店售缺，请与本社发行部联
系，联系及邮购电话：（010）88254888，88258888。
质量投诉请发邮件至zlts@phei.com.cn，盗版侵权举报请发邮件至dbqq@phei.com.cn。
本书咨询联系方式：（010）88254161转1859，zhusl@phei.com.cn。